José MUSANGANA KAPUMBU

LUTAR CONTRA A DESUMANIZAÇÃO DA NATUREZA

José MUSANGANA KAPUMBU

LUTAR CONTRA A DESUMANIZAÇÃO DA NATUREZA

Prefácio: Olivier-Jeff KALALA T.

ScienciaScripts

Imprint
Any brand names and product names mentioned in this book are subject to trademark, brand or patent protection and are trademarks or registered trademarks of their respective holders. The use of brand names, product names, common names, trade names, product descriptions etc. even without a particular marking in this work is in no way to be construed to mean that such names may be regarded as unrestricted in respect of trademark and brand protection legislation and could thus be used by anyone.

Cover image: www.ingimage.com

This book is a translation from the original published under ISBN 978-620-6-72871-9.

Publisher:
Sciencia Scripts
is a trademark of
Dodo Books Indian Ocean Ltd. and OmniScriptum S.R.L publishing group

120 High Road, East Finchley, London, N2 9ED, United Kingdom
Str. Armeneasca 28/1, office 1, Chisinau MD-2012, Republic of Moldova, Europe
Managing Directors: Ieva Konstantinova, Victoria Ursu
info@omniscriptum.com

Printed at: see last page
ISBN: 978-620-8-51647-5

A :

- A minha querida e amada esposa, Francine Kaniki,
- Os meus queridos e adorados filhos :

O meu filho Marien-Jacob Lusambo Musangana e

A minha filha Tshilanda Mukandayi Musangana,

Dedico-vos esta reflexão.

PREFÁCIO

[1]Devido à sua criação, extensão, diversidade e natureza multifacetada, contribui de forma significativa para o florescimento da vida, desde que a sua gestão tenha em conta, de forma equilibrada, as dimensões económica, social, ambiental e ética.

Esta gestão da natureza deve ser simultaneamente sustentável e integrada, porque deve não só assegurar e melhorar o potencial, mas também manter os ecossistemas. Para o conseguir, deve ter em conta todas as funções que a sociedade espera da natureza.

Para assegurar um equilíbrio entre a oferta da natureza e a procura da sociedade, é necessário pensar numa estratégia baseada numa análise racional do potencial natural e, mais importante ainda, num método que adira a valores utilitários e ao respeito pela natureza.

[2] [3]Para isso, a abordagem introspectiva, mais frequentemente reservada à psicologia prática para adquirir o conhecimento de si ou do espírito humano em geral, encontra neste livro de José Musangana um campo de aplicação para a aquisição do *Ubuntu* da natureza, como um adjuvante que nos deve permitir assegurar a reciprocidade para com esta generosidade da natureza. No contexto deste livro, *Ubuntu* significa :

"Na língua Xhosa, Ubuntu significa humanidade. Em Kinyarwanda, significa generosidade. É um conceito que existe em quase todas as línguas bantu de África. Engloba a noção de comunidade e de interdependência entre os seres humanos. "[3]

Na prática, o Ubuntu tem as seguintes qualidades:

"Compaixão, consideração, empatia, bondade, igualdade, dignidade

---

[1] Natureza - Pesquisa no Google
[2] abordagem introspectiva - Pesquisa no Google
[3] Ubuntu - Pesquisa Google

humana e unidade. "[4]

Assim, podemos dizer que existimos graças à existência dos outros e da Natureza.

Mantendo-se muito prático na sua abordagem, José Musangana propõe esta abordagem, não como um abre-te sésamo para aceder a uma atitude válida para todos, mas como um instrumento de serviço comunitário, num processo respeitoso e concertado, com vista a uma atitude mais consciente e consensual.

A preservação da natureza hoje, para que a vida humana possa florescer, deve implicar a adesão a certos valores e o respeito pelos ecossistemas e pelo potencial da natureza. A abordagem desenvolvida neste livro por José Musangana é coerente com esta abordagem.

Convidamos com entusiasmo os potenciais leitores a mergulharem neste processo de aquisição do Ubuntu da natureza, com vista a conceberem a natureza como um território vital com múltiplas vocações, que exige uma gestão simultaneamente prospetiva e participativa.

Olivier-Jeff KALALA T.

Escritor e crítico literário

Secretário-geral da UECO

INTRODUÇÃO

Não há dúvida de que as catástrofes ambientais, as alterações climáticas e a perda de biodiversidade são causadas pela humanidade, que até agora não conseguiu criar um clima de harmonia entre si e a Mãe Natureza.

[4]Inicialmente instituído pelo Criador Incriado como guardião do património *da Natureza*, o Homem preocupa-se frequentemente com os seus interesses egoístas e com a sua ganância, sem qualquer preocupação com o destino das gerações futuras. Desta forma, ele ilustra-se como carrasco da *Natureza,* utilizando um capitalismo de rosto bárbaro e prejudicial ao equilíbrio planetário.

Os traficantes de armas multinacionais estão a fazer bons negócios pilhando minerais em todo o mundo e, neste caso, em África, mais especificamente na parte oriental da RDC. Ao fazê-lo, estão a explorar os seus interesses económicos, impondo os seus motivos hegemónicos.

É esta a lógica subjacente aos conflitos belicosos em todo o mundo, onde a guerra continua a ser a única forma de muitas superpotências fazerem negócios ou alargarem a sua influência hegemónica, com ideais expansionistas, de acordo com os seus interesses. É o caso dos conflitos israelo-palestiniano, israelo-iraniano, russo-ucraniano, ruandês-congolês e sino-taiwanês, para

[4] Definições: Natureza - Dicionário Larousse de Francês

citar apenas alguns.

O exemplo da RDC é demasiado conhecido para ser mencionado aqui. No entanto, não é segredo que se trata de um dos países mais ricos do mundo. Infelizmente, o seu povo quase não beneficia dos seus recursos naturais, devido à agressão hegemónica das multinacionais que exploram o seu vizinho oriental, o Ruanda. Para os observadores, trata-se da mão negra dos imperialistas, que, impondo uma guerra por procuração, estão a pilhar deliberadamente as riquezas da RDC, que foram esmagadas pela generosidade da natureza. Existem recursos naturais como a madeira, o petróleo e o gás natural ou metano, o ouro e os diamantes, bem como minerais essenciais para a transição energética, como o cobalto, o lítio e o níquel. A floresta da bacia do Congo, na África Central, é a segunda maior floresta tropical depois da floresta amazónica. [2]Existem também turfeiras na bacia central da bacia do Congo, que se estende por quase 145 500 km, abrangendo o Congo-Brazzaville e a RDC.

Tal como o cobalto, o lítio e o níquel, o manganésio é também necessário para o bom funcionamento do organismo.

O coltan (Colombo-Tantalite) é também registado devido à sua capacidade particular de armazenar e gerar energia eléctrica; este mineral é utilizado em telemóveis, computadores portáteis e outros dispositivos.

É de salientar que a RDC detém o maior depósito de coltan do mundo em quantidades comercializáveis, representando 60-80% das reservas globais.

No entanto, em vez de fazer dela o objeto de uma prosperidade partilhada, sob a fórmula win-win , entre os investidores e o Estado congolês, os imperialistas, com as suas empresas internacionais, preferem adquiri-la ao preço do sangue e em violação do princípio do direito internacional, a saber, *a intangibilidade das fronteiras.* [5]Atualmente, um número impressionante de pessoas foi morto na parte oriental da RDC.

Esta situação não é isenta de efeitos nefastos para a natureza.

Assistimos ao massacre excessivo e maciço de populações civis, à desestruturação dos ecossistemas a tal ponto que os animais são obrigados a abandonar o seu ambiente natural, as árvores choram porque estão imóveis, sem saber como se mover, as florestas são devastadas, os rios são poluídos e os bombardeamentos poluem a natureza...

Tudo por causa da crise de identidade que o homem está a atravessar.

De facto, fascinado pelo material e sedento *de bens* e *de poder,* o homem esqueceu o seu "ser original" e parece não saber que é, antes de mais, a natureza em miniatura, tanto física como espiritual. Em contrapartida, a única forma de exprimir a sua gratidão deveria ser a proteção da própria natureza de onde

---

[5] número de mortos no leste da RDC - Pesquisa Google

provém.

Também vale a pena fazer estas perguntas:

Apesar da generosidade da natureza, porque é que o homem é sempre tão beligerante para com ela?

O que é que se pode fazer para restabelecer a ordem natural?

[6]Para isso, o homem teria que passar pela introspeção para alcançar a reminiscência, no sentido platónico, ou seja, aceder à memória dos conhecimentos adquiridos numa vida anterior, quando a alma, vivendo no mundo suprassensível das essências, contemplava as ideias, com vista a visualizar e observar as regras do *Ubuntu,* escritas em letras garrafais na natureza. Entendido como humanidade aliada à generosidade nas línguas africanas, *o Ubuntu* é o principal atributo do Criador-Incriado, que o exerce através da sua energia vital sobre a natureza, que é o Espaço-Universo. Por outras palavras, a humanidade da natureza, *o Ubuntu* da natureza, refere-se à capacidade da natureza de agir de forma benevolente, compassiva e altruísta para com os seres vivos que dela fazem parte.

Isto manifesta-se em fenómenos como a regeneração dos ecossistemas, o fornecimento de recursos essenciais à vida e a beleza e inspiração que a natureza oferece à humanidade.

Reconhecer e respeitar a humanidade da natureza é essencial

---

[6] Significado platónico de reminiscência - Pesquisa Google

para preservar o seu equilíbrio e diversidade.

O nosso debate centrar-se-á em 4 pontos:

1. Tríade Humanitária, para analisar o papel inicial de cada um destes três actores: o Ser Supremo, que identificamos como o criador incriado, a Mãe Natureza e o Homem.

2. A principal caraterística da natureza: o Ubuntu.

3. Causas da ação desumana do homem contra a generosidade da natureza.

4. Consequências da desumanização da Natureza.

CAPÍTULO UM

TRÍADE HUMANITÁRIA

SECÇÃO 1

ABORDAGEM CONCEPTUAL

Segundo o dicionário Larousse, uma tríade é um grupo de três pessoas ou três coisas estreitamente associadas. [7]Pode também referir-se a um grupo de três divindades associadas num culto. A tríade de que estamos a falar é constituída pelo céu, pela terra e pelo homem. É com esta tríade que vamos tentar sustentar o nosso argumento.

De facto, o céu refere-se ao Criador Incriado, enquanto a terra representa a natureza, da qual o homem é o administrador.

Para compreender a ingratidão do homem para com a generosidade da natureza, é necessário remontar ao Criador, para ver como este criou um espaço vital (a natureza), permitindo ao homem não só geri-lo, mas também, e sobretudo, viver nele de forma harmoniosa e racional. É neste contexto que nos debruçaremos sobre o papel de cada membro desta tríade: o Criador-Incriado, a natureza e o homem. Todos ligados pelo

[7] Jeuge-Maynart, I., *Petit Larousse Illustré,* Larousse, Paris, p. 1170.

Ubuntu, identificador comum de cada um deles.

§1 HUMANIDADE

Segundo o dicionário LAROUSSE, a palavra *humanidade* designa o conjunto dos seres humanos e é também considerada como um ser coletivo ou uma entidade moral.[8]

É também uma disposição psicológica para a consideração, a compaixão, a empatia e o respeito pelos outros seres humanos. Daniel Mulenda Lomena diz assim: "A moralidade orienta o sujeito para os outros e convida-o a comportar-se de forma a promover a vida dos outros".[9]

É este segundo significado que nos interessa. As culturas africanas ajudam-nos a compreender o sentido profundo da humanidade, através do termo *Ubuntu.*

§2 UBUNTU

O conceito é definido ao longo de dois eixos distintos. Em primeiro lugar, Ubuntu significa ser amigável, hospitaleiro, generoso, compassivo e atento aos outros. Por outras palavras, colocar a nossa força ao serviço do próximo, dos fracos, dos pobres, dos doentes, sem qualquer ganho. Trata-os como gostarias de ser tratado. A segunda é a abertura, a magnanimidade, a

---

[8] Jeuge-Maynart, I., *Petit Larousse Illustré,* Larousse, Paris, p.590

[9] Mulenda, D., *La gestion de l'intégration des entreprises par la préservation des écosystèmes naturels,* Paris, l'Harmattan, 2017, p. 100

partilha e o reconhecimento da humanidade do nosso próximo. Esta está indissociavelmente ligada à nossa.

Trata-se, antes de mais, de uma atitude ética que favorece a abertura ao outro. [10]Não diz Corine Pelluchon que a ética da consideração implica um processo de individualização, ligado à relação com os outros?

Por outras palavras, o outro não é simplesmente a pessoa que me permite desenvolver o meu potencial, como na relação entre mestre e discípulo, mas sim a pessoa que constitui a minha identidade. [3]Isto é conseguido num movimento que não é autorreferencial e é também distinto do egocentrismo que é caraterístico da responsabilidade.

§3. AUMENTAR-CRIADOR

O Incriado-Criador, o Ser Supremo, o primeiro dos seres, o iniciador da vida, tanto mais que a Natureza e o homem nasceram dos seus dedos.

De acordo com o seu plano de criação, o Ser Supremo previu que a existência da natureza precede a do homem. Isso foi feito para criar um espaço vital para o homem, que ele cobre com Ubuntu. Em suma, o Ser Supremo espalha a sua Humanidade sobre a Natureza, dotando-a da capacidade de agir de forma benevolente, compassiva e altruísta para com os seres vivos que

[10] Pelluchon C., *Éthique de la considération,* Paris, Seuil, 2018, p.84

dela fazem parte, incluindo o Homem.

§4 NATUREZA

É a criação por excelência, *já aí,* distinguimos o espaço-Universo e o espaço-Planeta (terra), preparado de antemão e cuja capacidade de acolhimento se mede em imensidão. A Natureza, enquanto Espaço-Universo, inclui as estrelas, os planetas, os cometas, os asteróides, o Sol e a Lua. Quanto à Natureza como Espaço-Planeta (Terra), inclui a flora, a fauna, as montanhas, as águas e muitas outras. Tudo isso é obra do Criador Incriado. Em suma, a natureza é um ambiente favorável que permite ao homem prover às suas necessidades mais básicas, condicionando assim a sua sobrevivência. Acima de tudo, é o lugar onde se manifesta *o Ubuntu,* que é o seu fundamento.

§5 MAN

É a criatura dotada de antemão de uma liberdade responsável, que lhe confere a capacidade racional de julgar, apreciar, discernir e guiar-se pelo bom senso. Ele é o *ainda-não,* a natureza em miniatura, tanto mais que nele se encontram os 4 elementos da natureza (terra, água, ar e fogo). Embora tenha sido criado depois da Natureza, torna-se o seu gestor estabelecido pelo Criador-Incriado. Como ele é extraído da natureza e beneficia da sua generosidade, ele carrega em si as sementes dessa beneficência e é, portanto, intrinsecamente capaz de *Ubuntu*, que é o seu ser original.

É importante deixar claro que o homem não humaniza a natureza, caso contrário isso seria uma usurpação de poder. O homem não dá sentido à natureza; ele é apenas um microcosmo que vai buscar a sua fonte ao macrocosmo que é a Natureza.

É isso que justifica o seu terceiro lugar na hierarquia da ordem natural (tríade humanitária), que inclui: o Criador-Incriado, a natureza e o homem.

É por isso que a existência da natureza precede a do homem, porque o Criador-Incriado quis primeiro criar um espaço (a natureza) para abrigar o homem, para a sua sobrevivência.

Por conseguinte, ele é totalmente dependente da Natureza, de modo que é ela que humaniza o homem, cuidando dele em termos de saúde, ciência e tecnologia, e estimulando a sua inspiração.

Em contrapartida, o homem é convidado a perpetuar a humanidade da natureza, da qual é largamente beneficiário, preservando-a. No entanto, a natureza pode continuar a existir sem a contribuição do homem. Nas palavras de George Perkins Marsh: "Longe do homem, a natureza cultiva-se a si própria; a natureza molda o seu território de modo a dar-lhe uma permanência quase imutável de forma, contorno e proporções, exceto quando é perturbada por convulsões geológicas. [11]Nesses casos, que são relativamente raros, ela começa imediatamente a reparar os danos

---

[11] Perkins G., *L'homme grand perturbateur de la nature,* Espace et Signes, Paris, 2023, pp 34-35

superficiais que sofreu e a restaurar a terra à sua aparência anterior" .

Além disso, a existência do homem é indispensável na natureza, pois é uma oportunidade para a natureza exprimir a sua generosidade caraterística.

CAPÍTULO II

UBUNTU

Principais caraterísticas da natureza

A natureza, lugar por excelência da manifestação da humanidade, está ao serviço do homem, em todas as suas necessidades básicas e complexas. Isto manifesta-se em fenómenos como a regeneração dos ecossistemas, o fornecimento de recursos essenciais à vida, a beleza e a inspiração que a natureza oferece ao homem.

A humanidade no seu todo depende da saúde dos ecossistemas naturais. Para além da sua formidável capacidade de sequestro de carbono, que é a principal solução natural para o aquecimento global.

Estes ecossistemas têm muitas funções úteis: fornecem habitats para plantas e animais, abrigam peixes e outras fontes de alimento, evitam a erosão e protegem contra inundações e outros fenómenos meteorológicos. Quando saudáveis, estes ecossistemas proporcionam muitos benefícios essenciais à humanidade: contribuem, entre outras coisas, para os recursos económicos, a alimentação, a preservação da água e da terra, a luta contra a seca, a saúde e o bem-estar... São também uma fonte importante das matérias-primas em que assenta a nossa economia.

O objetivo aqui é descrever a humanidade ou Ubuntu que emerge da natureza como Espaço-universo e Espaço-planeta (terra) para o benefício da humanidade.

SECÇÃO 1

MANIFESTAÇÃO DA HUMANIDADE EM TODOS OS SEUS ASPECTOS

§1. ESPAÇO-UNIVERSO

Quando se fala de natureza, seria incompleto limitarmo-nos apenas ao planeta Terra, porque as obras do Criador-Incriado são tão grandiosas que incluem os milhares de milhões de estrelas, os vários planetas, cometas e asteróides. Todos estes corpos estão estruturados em galáxias, aglomerados e superaglomerados, dotados de uma beleza estética e artística tal que inspiram e atraem a humanidade. É o caso da sua viagem à Lua. Por outras palavras, esta obra, que tem o selo pessoal do Grande Arquiteto do Universo, é posta à disposição do homem para despertar a sua curiosidade. Assim, o homem irá investigar e aguçar a sua inspiração, a fim de criar novas invenções nos domínios artístico, científico e tecnológico. O facto de o Criador Incriado ser altruísta e generoso para com o homem equivale à humanidade que coloca livremente o homem em condições benévolas para a sua realização.

É assim que podemos usufruir plenamente dos benefícios do Universo, cuja matéria é constituída principalmente por hidrogénio e hélio, enquanto a Terra é constituída principalmente por oxigénio, ferro, silício e magnésio. E os seres vivos são constituídos por carbono, hidrogénio, oxigénio e azoto.

É de salientar que, segundo os cientistas, dos 118 elementos químicos que constituem a matéria do Universo, 94 existem na Terra.

§2. ESPAÇO-PLANO

Antes de falar da humanidade que a Natureza contém para benefício do homem, é imperativo definir alguns conceitos relacionados.

A. BIODIVERSIDADE

A biodiversidade refere-se à variedade de formas de vida na Terra. É avaliada tendo em conta a diversidade de ecossistemas, espécies e genes no espaço e no tempo, bem como as interações dentro e entre estes níveis de organização. Embora a biodiversidade seja tão antiga como a vida na Terra, o conceito só surgiu na década de 1980.

B. ECOSSISTEMA

Um ecossistema é um conjunto de animais, plantas e microrganismos que interagem entre si e com o seu ambiente. Estas interações ocorrem em sistemas mais ou menos naturais: florestais, lacustres, agrícolas, urbanos, etc.

1. Diferentes tipos de ecossistemas

- Os ecossistemas terrestres incluem as florestas, os desertos, os prados, as montanhas e as zonas polares.

- Ecossistemas marinhos (oceanos, mares, recifes de coral, estuários)

- Ecossistemas de água doce (lagos, rios, zonas húmidas).

- Ecossistemas de zonas húmidas, como os mangais

2. Diferença entre :

- Uma catástrofe natural,
- Um fenómeno natural
- Uma catástrofe ambiental

Uma catástrofe natural é um acontecimento natural violento com efeitos destrutivos na superfície terrestre, nos seres humanos e noutros seres vivos. É, de facto, a manifestação de um perigo natural. Por exemplo, vulcão, terramoto, tsunami.

Um fenómeno natural é um facto natural observado que pode ser estudado cientificamente e utilizado como objeto de experiências: os meteoros são fenómenos naturais. Em suma, uma manifestação surpreendente da natureza, de origem climática.

Uma catástrofe ambiental refere-se a uma catástrofe causada pelo próprio homem. Por exemplo, o aquecimento global.

SECÇÃO 2

O LADO HUMANO DA NATUREZA NA VIDA DE UM HOMEM

A natureza nunca deixou de mostrar a sua generosidade para com o homem. Em termos de alimentação, de saúde e até de microbiologia.

§1. ALIMENTOS

A natureza, fonte de uma alimentação equilibrada, oferece a escolha de uma dieta diversificada. Desta forma, o organismo beneficia de uma fonte variada de nutrientes essenciais ao seu funcionamento.

Ao comer uma grande variedade de frutas e legumes, podemos evitar carências de vitaminas e minerais que enfraquecem o organismo. A diversidade é essencial para a nossa saúde! Da mesma forma, uma diversidade de culturas permite travar a propagação de doenças (vírus, bactérias, fungos, etc.) e limitar os danos causados às culturas por certos animais que se tornaram verdadeiras pragas (insectos, mamíferos, aves, etc.).

§2. SAÚDE

- Biodiversidade, a nossa farmácia germoir, cuidados naturais para a pele.
- Os animais tratam-se a si próprios com remédios naturais. Podem ser a fonte de novos medicamentos para os

humanos.

A medicina da avó, a medicina tradicional ou a farmacopeia. Desde sempre, as pessoas retiram os seus remédios da natureza. Ainda hoje, uma grande parte da população mundial continua a recorrer a estas práticas, muitas vezes menos dispendiosas, cujo valor é reconhecido pela Organização Mundial de Saúde (OMS). Mas algumas plantas estão ameaçadas e os medicamentos tradicionais estão a desaparecer antes mesmo de terem sido objeto de estudos etnofarmacológicos aprofundados.

- Medicamentos da natureza

Mais de metade de todos os medicamentos provêm da natureza. As moléculas com ação terapêutica são utilizadas diretamente nos medicamentos ou, na maior parte das vezes, isoladas e depois sintetizadas em laboratório. Atualmente, o fabrico de medicamentos é menos dependente dos recursos naturais, mas estes continuam a ser muito preciosos para a nossa saúde.

§3. A NÍVEL DO MICROBIOTA

Microbiota, um grupo de microrganismos: bactérias, vírus, parasitas e fungos não patogénicos, conhecidos como comensais, que vivem num ambiente específico.

Existem diferentes microbiotas no corpo: na pele, na boca, nas axilas, na vagina, nos pulmões, etc.

O nosso corpo é o lar de uma grande variedade de genes, bem como de bactérias, vírus e fungos. O contacto frequente com a natureza expõe-nos a novos micróbios que reforçam a nossa macrobiota e o nosso sistema imunitário. Isto pode ajudar a prevenir o aparecimento de asma, alergias ou certas doenças inflamatórias ou auto-imunes.

Apesar desta benevolência da natureza, o homem excede-se na ingratidão. Mas o que é que o leva a agir assim, podemos perguntar.

CAPÍTULO III

CAUSAS DA DESUMANIZAÇÃO

DA NATUREZA

Este capítulo analisa as causas da ingratidão do homem para com as delícias da Natureza.

Esta abordagem implica a análise do homem em duas dimensões: o ser original e o ser temporal.

SECÇÃO 1

ANÁLISE DA NATUREZA DO HOMEM

§1. O HOMEM, O SER ORIGINAL

Enquanto ser original, o homem está predisposto para a comunhão com a natureza. Foi criado com todas as capacidades para ser benevolente para com a natureza e para com os seus semelhantes. Ele é feito de Ubuntu. Foi assim que o Criador-Incriado o estabeleceu como guardião do património *da natureza,* para que ele pudesse ser o promotor da humanidade e perpetuar a vida à sua volta. Para além do seu estado original, goza de uma liberdade responsável, dotada de bom senso e de espírito de discernimento, sabendo distinguir entre o bem e o mal. Ele encontra-se numa dimensão manifesta da humanidade. Esta liberdade responsável justifica-se pelo facto de o Ser Supremo não ter querido um fantoche ou uma ovelha de Panurge. Mas sim um homem consciente das suas responsabilidades, compassivo e benevolente.

A este nível, o homem é o primeiro beneficiário da benevolência da natureza. A natureza espera de nós uma resposta contínua em termos de proteção e preservação.

Nesta fase, a tríade humanitária assume a seguinte forma: o Criador-Incriado começa por disponibilizar um espaço onde o homem pode viver, que é a natureza, com tudo o que o homem necessita para a sua sobrevivência, tanto a nível alimentar como sanitário, ou seja, os recursos vitais indispensáveis à sua sobrevivência! Por sua vez, o homem assina um contrato de tutela com o Criador Incriado, estabelecendo-o como guardião do templo. É aqui que ele aprende a jogar o ato de equilíbrio. Ele está tão profundamente enraizado na sua dimensão de ser original que vive na pré-compreensão de uma humanidade que se quer manifestar nele, de modo que a benevolência, a generosidade e o altruísmo andam de mãos dadas.

No entanto, no seu estado original, o homem é plenamente humano. Mas ele aprende os rudimentos necessários para cumprir a sua missão. Por outras palavras, ele deve pôr em prática a sua humanização uma vez na Terra. Para isso, ele deve primeiro ser confrontado com as provas do tempo.

§.2. O HOMEM, O SER TEMPORAL

Recuado no tempo, o homem esqueceu o seu papel original de gestor do património *da Natureza* e de promotor da humanidade. Sofre agora de uma crise de identidade. Na realidade, o homem sofre do predomínio do seu ser temporal, que o obriga a rescindir o contrato de tutela que o liga à Natureza. Ele cai numa dimensão latente de humanidade. Comparado com a Natureza, o *já-aí,* portanto, plenamente humano em virtude da sua generosidade, o homem, o *ainda-não-aí,* pois, fascinado pela evolução da sociedade muito materialista, esquece que foi criado para guardar o templo, para gerir tudo o que está à sua disposição, de forma racional, equitativa e equilibrada e, sobretudo, em benefício de todos. Desvincula-se do seu ser original.

É atingido pela amnésia do excesso materialista que caracteriza a sociedade atual. A sociedade torna-se sedenta de posse e de poder. Por conseguinte, o espírito de competição e de hegemonia apodera-se dele. Gozando agora de uma liberdade absoluta, que conduz à libertinagem, o comportamento do homem é liberticida em relação à Natureza e aos seus semelhantes.

Assim, qualquer meio é suficiente para satisfazer os seus interesses egoístas e apetites vorazes. A sua liberdade, inicialmente responsável, torna-se absoluta, massacrando populações civis inocentes, em nome de um capitalismo de rosto bárbaro, infelizmente incapaz de alcançar a prosperidade para todos (Win-Win). O mesmo acontece com as empresas internacionais que, impondo guerras em África e no mundo, através de certas ONG que transportam armas pesadas e munições, matam sem fé nem lei. As chamadas zonas de alto risco, sob o pretexto de corredores humanitários, são uma estratégia utilizada para pilhar os recursos naturais do berço da humanidade e de outros países, e para vender as suas armas a quem der mais.

Ao atuar desta forma, o homem quebra a harmonia que deveria reinar entre ele e a natureza, desumanizando-se ao matar o seu semelhante, que também faz parte da natureza. Por sua vez, ataca a própria natureza, cometendo um genocídio ao procurar monopolizar os recursos naturais de forma belicosa e ilícita. É de salientar que esta atitude tem efeitos devastadores sobre o ambiente. Os massacres perpetrados por razões económicas ou de sobrevivência equivalem a crimes contra a humanidade, mas também a crimes contra a Natureza.

§.3. ACTIVIDADES DO HOMEM CONTRA A NATUREZA

Para garantir a nossa sobrevivência, envolvemo-nos numa série de actividades. Mas, infelizmente, o seu egoísmo distrai-o da sua responsabilidade para com as gerações futuras. O recurso a meios pouco ortodoxos para satisfazer os seus instintos mais baixos leva-o inconscientemente a criar uma desgraça colectiva, como o aquecimento global, erradamente considerado uma catástrofe natural.

A. TIPOS DE ACTIVIDADE

- As actividades agrícolas (com a utilização de pesticidas), a exploração da terra e a criação de gado (à base de OGM). Estas práticas estão a contribuir lentamente para o extermínio da humanidade.

Na mesma linha, Rachel Carson alertava: "Para além do risco de extermínio da humanidade através da guerra atómica, o problema crucial do nosso tempo é a contaminação do nosso ambiente por substâncias incrivelmente nocivas. Estes produtos acumulam-se nos tecidos das plantas e dos animais e chegam a penetrar nas células reprodutoras, onde alteram os elementos que determinam o futuro através da hereditariedade".[12]

- A produção industrial na origem da poluição.

A poluição industrial pode assumir diferentes formas. Em primeiro lugar, existe a poluição atmosférica provocada pelos fumos libertados pelas fábricas. Em segundo lugar, há a poluição do solo e da água causada pela descarga de águas residuais ou de resíduos industriais. Por último, existe a poluição sonora causada pelas actividades industriais.

Em consequência, os esgotos e os resíduos perturbam o ciclo do azoto no solo e provocam a acumulação de sal no solo, tornando-o estéril e impedindo o crescimento da vegetação.

---

[12] Carson, R., *Silent Spring,* Wild Project, 2009, p.50

Tal como os rios são poluídos pelas actividades mineiras. A humanidade da natureza deve ser tida em conta antes, durante e depois de qualquer projeto humano.

O artigo 203.º do Código Mineiro da RDC, que trata da proteção do ambiente durante a exploração, estabelece que "antes de iniciar os trabalhos de exploração de minerais ou de produtos de pedreiras, o titular de uma licença de exploração ou de uma autorização de exploração de produtos de pedreiras deve elaborar e obter a aprovação de um plano de atenuação e de reabilitação para a atividade proposta".[13]

E durante a exploração, o artigo 204º estipula que "qualquer requerente de uma licença de exploração, de uma licença de descarga, de uma licença de exploração mineira em pequena escala ou de uma licença de exploração de pedreiras é obrigado a apresentar um estudo de impacto ambiental e social, juntamente com um plano de gestão ambiental do projeto, e a obter a aprovação do seu ESIA e PGEP e a implementar o PGEP".[14]

Quanto aos danos causados às pessoas e ao ambiente por contaminação, o titular é responsável, nos termos do artigo 285.º-ter: "em caso de contaminação direta ou indireta resultante de actividades mineiras, com impacto na saúde humana e/ou que conduza à degradação do ambiente e que resulte, nomeadamente,

[13] *Código Mineiro revisto e anotado da República Democrática do Congo,* Bruylant, Bruxelas, 2020, p.242

[14] *Código Mineiro revisto e anotado da República Democrática do Congo,* Bruylant, Bruxelas, 2020, p.243

na poluição da água, do solo ou da atmosfera e cause danos às pessoas, à fauna e à flora".[15]

- Desflorestação

Ao abater as florestas, a humanidade está a trabalhar para extinguir as espécies que nelas vivem. Estamos a destruir os ecossistemas que produzem água potável e estamos a perder as árvores que armazenam CO_2. Isto altera ainda mais o clima. George Perkins Marsh acrescenta: "a destruição das florestas, que conduz à erosão dos solos, a drenagem de lagos e pântanos, a agricultura e a indústria tendem a produzir grandes alterações nas condições higrométricas, termométricas, eléctricas e químicas da atmosfera, embora ainda não sejamos capazes de medir com precisão a parte de cada um destes diferentes elementos de perturbação".[16]

Apesar dos efeitos benéficos dos ecossistemas para a vida humana, continuamos a abusar deles, desflorestando e degradando as florestas e recorrendo a métodos de produção intensivos que têm um impacto no clima e se repercutem nas populações locais e na biodiversidade. Ao fazê-lo, a humanidade não só está a provocar a escassez de certos recursos naturais, como também a perturbar a economia de certas empresas. Este facto constitui um grande entrave ao processo de desenvolvimento de muitos países, impedindo-os de emergir. A isto juntam-se os horrores da guerra.

---

[15] Ibidem, p.332

[16] Marsh, G. P., *L'homme grand perturbateur de la nature,* Espace et Signes, Paris, 2023, p.10

Falemos disso.

- Guerra, desumanização da Natureza

O extermínio humano, por qualquer razão, junta-se à cadeia de desumanização da Natureza, porque o exterminador e o exterminado fazem parte da Natureza. É por isso que matar uma pessoa é um crime contra a humanidade da Natureza. Esta é mais abrangente do que o crime contra a humanidade, tanto mais que o homem é um microcosmo entre muitos outros que fazem parte do macrocosmo (Natureza). Por outras palavras, a guerra não afecta apenas o homem, mas sobretudo a humanidade da Natureza no seu todo. Por conseguinte, o sangue que corre perturba os ecossistemas e chora a perda de membros da Natureza, devido à barbárie do homem, que atingiu o seu auge.

É de lamentar que, para as potências deste mundo, o recurso à guerra se esteja a tornar um meio de pilhar países fracos, embora potencialmente ricos. Esta nova conceção das relações internacionais nunca deixou de ser denunciada, em todo o mundo e nas assembleias internacionais.

B. O CASO DA RDC

Na Cimeira das Três Bacias, ao lado dos seus homólogos Denis Sassou Nguesso, do Congo, e Lula da Silva, do Brasil, o Presidente da RDC, Félix Antoine Tshisekedi, proferiu um discurso muito apreciado pelo público.

Em 29/10/2023, em Brazzaville, o Presidente Tshisekedi

denunciou o ativismo armado do Ruanda, instrumentalizado por poderes ocultos, na destruição da biodiversidade congolesa no Parque Virunga. Num tom firme, acusou claramente o regime de Kigali de pilhar as riquezas minerais congolesas.

Dirigindo-se à audiência, que incluía chefes de Estado e de delegações oficiais, representantes de governos, instituições internacionais, doadores, organismos de financiamento e peritos de todo o mundo, Félix Tshisekedi recordou que uma das reservas de biodiversidade mais preciosas do mundo, o Parque Nacional de Virunga, tinha sido danificada pelo conflito contínuo no leste da RDC. Esta guerra é vista como um fator de desumanização da natureza na parte oriental da RDC.

Na origem de tudo estava um conflito económico entre a RDC e o Ruanda. Conflitos deste género já tinham ocorrido anteriormente. No entanto, bastou uma vontade férrea para se chegar a uma resolução pacífica. A famosa Comunidade Europeia do Carvão e do Aço foi criada em abril de 1951 para promover a cooperação económica e evitar conflitos entre as nações europeias após a Segunda Guerra Mundial. Para estes dois países da região dos Grandes Lagos, seria útil que o Ruanda depusesse as armas em prol da paz, que é muito favorável à preservação dos ecossistemas. Nestas condições, poderia pedir à RDC para ser um dos comissionistas, cuja percentagem é geralmente deduzida na fonte aquando das transacções mineiras. Para tal, seria necessária a mediação de uma instituição mais séria do que a comunidade internacional, que tem falhado repetidamente na resolução pacífica dos conflitos. Está frequentemente à mercê das grandes potências, que a utilizam para esmagar outros países.

Esta atitude da comunidade internacional, que se limita a uma condenação verbal, está a tornar-se preocupante. É lamentada no conflito israelo-iraniano, que corre o risco de abrir a porta a uma terceira guerra mundial, porque Israel, que conta com o apoio dos EUA, não ignora o apoio dos países árabes ao Irão, que já conta com o apoio da Rússia. E a Rússia tem acordos militares com a China e a Coreia do Norte. Esta será uma oportunidade para a China atacar Taiwan e para a Coreia do Norte ajustar contas com a Coreia do Sul. Imaginem o resto...

Assim sendo, é essencial sublinhar a indiferença do homem perante os riscos ecológicos de que é autor. Em vez de fazer disso uma prioridade, optamos pela destruição maciça do nosso ambiente e dos nossos semelhantes, através de guerras que expõem a nossa barbárie. Daí a pergunta de Legor Gran: "Continuaremos a multiplicar-nos ou optaremos pela guerra nuclear?[17]

Todas estas acções desumanas do homem exigem sanções por parte da natureza.

[17] Gran L., *L'écologie en bas de chez moi*, P.O.L, 2011, pp 120-121

CAPÍTULO IV

DESUMANIZAÇÃO

DA NATUREZA

As consequências da desumanização da Natureza pelo Homem podem ser vistas como um castigo auto-infligido.

Manifestam-se de várias formas.

SECÇÃO 1.

REPERCUSSÕES DA DESUMANIZAÇÃO

- Catástrofes ambientais,
- Alterações climáticas,
- Perda de biodiversidade,
- O aumento da temperatura média global,
- As alterações climáticas, que são responsáveis por fenómenos meteorológicos extremos, como as vagas de calor e as secas,
- Escassez de água e de alimentos,
- Incêndio florestal,
- Aluimento de terras devido à extração aleatória de minerais, etc.

Que medidas estão previstas para restabelecer a ordem natural?

SECÇÃO 2.

RESTABELECER O EQUILÍBRIO NATURAL

Este capítulo está estruturado em quatro níveis: em primeiro lugar, propõe um certo número de soluções possíveis, entre as quais a meditação como via régia, através da qual o homem pode aprofundar o seu olhar sobre si próprio para reencontrar o seu ser original. Em seguida, serão abordados os exercícios ecológicos para favorecer a comunhão com a Natureza. Além disso, será necessário um currículo escolar baseado na proteção e preservação da Natureza. Por fim, a comunidade deverá sancionar todos os recalcitrantes que, conscientemente ou não, repetem o crime contra a humanidade da Natureza, oferecendo a imagem de um ser sem fé nem lei.

§1 MEDITAÇÃO

Comunhão com a natureza

Para prover às suas necessidades, o homem aproveita a oportunidade oferecida pelo Criador-Incriado e explora as delícias da natureza. Mas, irracionalmente, o homem vai muitas vezes ao ponto de prejudicar o equilíbrio natural.

É possível evitar esta atitude?

Composto por duas dimensões, o ser original e o ser temporal, é plausível que o homem se recolha em si mesmo, porque a solução do problema está na imanência e não na transcendência.

Daí a necessidade de uma meditação profunda, criando primeiro um vazio, com o objetivo de nos libertarmos de tudo o que está ligado a acessórios temporais e a interesses egoístas, em detrimento da comunidade.

[18] Na mesma linha, Corine Pelluchon acrescenta: "Na maior parte das vezes, não nos sentimos em comunidade com os outros seres, ou que pertencemos a um vasto universo, porque temos uma perceção parcial de nós próprios, pensamos e vivemos relacionando as nossas sensações e emoções com o nosso ego, e assim imaginamos que tudo o que existe deve servir os nossos interesses egoístas. É por isso que é necessária uma meditação profunda que nos permita encontrarmo-nos connosco próprios. É um impulso para a sua dimensão original e total. [19]Esta meditação conduzirá à "reminiscência". Este termo é central na filosofia de Platão. Refere-se à memória de um estado anterior, quando a alma possuía uma visão direta das ideias.

A reminiscência é, portanto, o fundamento do poder de conhecimento do homem. É a este nível que o homem poderá finalmente contemplar o seu ser original e reentrar no contrato de tutela assinado com o Criador, com o objetivo de aguçar o seu altruísmo, a sua generosidade e a sua capacidade de gestão racional da natureza. Ao fazê-lo, pensará facilmente na sua comunidade. Assim, evitará ver a natureza como sua vítima, mas

---

[18] Pelluchon C., *Éthique de la considération,* Seuil, Paris, 2018, p.88
[19] Platão, *O Ménon,* o Fedro e o Fedro

sim como um alter ego, um parceiro com o qual trocar benefícios e assegurar uma proteção comum. Esta é a missão original do homem, o Ubuntu.

Reaprender todos estes conhecimentos e pô-los em prática de forma responsável harmonizará a relação entre o homem e a natureza. Aldo Leopold já o tinha compreendido quando disse: "a proteção da natureza conduz a um estado de harmonia entre o homem e a terra".[20]

É esta abordagem que os ajudará a redescobrir o seu estatuto de seres humanos, o que, segundo Corine Pelluchon, significa "fazer parte de uma comunidade de seres humanos caracterizada pela pluralidade".[21] É assim que o homem se realizará, passando do *Ainda-não* ao *Já-aí,* reapropriando-se ao mesmo tempo da natureza humana, do Ubuntu. Já não poderá usar a sua liberdade absoluta sobre a natureza, mas será uma liberdade responsável reconquistada. É claro que mudar hábitos enraizados não é algo que se possa fazer de um dia para o outro, mas uma série de exercícios ajudá-lo-á a consegui-lo.

§2. EXERCÍCIOS ECOLÓGICOS

(Gestos ecológicos)

É sempre útil, benéfico e favorável para o corpo e para a mente

---

[20] Léopold, A., *L'éthique de la terre,* Payot, Paris, 2019, p.23
[21] Pelluchon, C., *Les lumières à l'âge du vivant,* Seuil, Paris, 2021, p.116

estar em contacto com a natureza. Passear entre as árvores, no jardim, ou contemplar, admirar a paisagem e deixar-se maravilhar pela natureza... são exercícios benéficos para a saúde mental do ser humano. O coração, os músculos e os sentidos também beneficiam. Consequentemente, as perturbações funcionais, como a depressão, o stress e a ansiedade, são significativamente reduzidas. Como pode ver, a natureza regula o seu humor e ajuda-o a concentrar-se quando está a aprender.

O exercício ecológico é essencial em todas as idades, facilitando o contacto com outras pessoas e reforçando o sistema imunitário. Não há nada como uma lufada de ar fresco, especialmente quando se tem um estilo de vida sedentário!

Não há nada mais reconfortante do que semear ou plantar. Este fenómeno pode ser explicado pelo facto de o solo conter uma bactéria com efeitos benéficos. Quando lhe tocamos ou respiramos, a produção de serotonina (um mensageiro químico a que alguns chamam a hormona da felicidade) é activada no cérebro. A jardinagem estimula os sentidos. Quando entramos em contacto com flores ou plantas aromáticas, recordamos os cheiros ou os pratos de que tanto gostávamos. É por isso que foram criados jardins terapêuticos para idosos, deficientes e pessoas que sofrem de doenças neurodegenerativas, como a doença de Alzheimer, a doença de Parkinson, a doença dos corpos de Lewy e outras demências.

Brincar e aprender no jardim, tocando, cheirando e provando o que se plantou, é uma oportunidade para comungar com a Natureza.

§3. INOVAÇÃO DO PROGRAMA ESCOLA

(Sobre a proteção da natureza)

Estar perto da natureza para a conhecer melhor e a nós próprios é um programa que tem de ser incorporado nos sistemas educativos de todo o mundo, porque quanto mais cedo as crianças aprenderem a tratar a natureza com humanidade, menos danos haverá.

É por isso que é tão bom ver crianças a trepar às árvores, a apanhar folhas mortas e a observar os pequenos seres que florescem...

Os professores que levam regularmente os seus alunos para a natureza constatam que eles se tornam mais ágeis e atentos do que antes e que memorizam mais facilmente. [22]Estamos de acordo com George Perkins Marsh, que sublinha a importância da educação para compreender e apreciar o nosso ambiente e promover práticas sustentáveis para o preservar. Também no seio da família, as experiências na natureza, como as organizadas pelas organizações ambientais, são muito benéficas tanto para as crianças como para os adultos. No entanto, uma vez passado este

[22] Perkins G., *L'homme grand perturbateur de la nature,* Espaces et Signes, Paris, 2023, pp 11-12

processo de reconciliação com a natureza, que, aliás, exige a vontade do homem, não há lugar para erros. Não há margem para erros. Se o fizerem de novo, sofrerão as sanções adequadas.

§.4. PROPOSTA

SANÇÕES PENAIS

A comunidade internacional deve, unanimemente, erguer-se e punir severamente os actos que desumanizam a natureza.

É o caso dos minerais de sangue e das guerras em todo o mundo. A natureza quer viver em paz, num clima propício ao equilíbrio dos ecossistemas.

É por isso que deve ser criado um tribunal mundial especializado na humanidade da Natureza. O seu funcionamento sancionará os erros de certos sistemas das Nações Unidas, cujo método favorece a impunidade das grandes potências que são também grandes poluidores.

A JMSHN (World Jurisdiction on the Humanity of Nature) poderá julgar os autores recalcitrantes de crimes contra a humanidade da natureza e não deverá ser influenciada ou intimidada por certos países poderosos. Deverá também tratar de casos de massacres de populações civis, motivados pela pilhagem de recursos naturais.

A reação da RDC é de encorajar, pois deverá ser bem sucedida.

Segundo o jornal Le Monde, a RDC acusou a Apple de utilizar nos seus produtos minerais extraídos *ilegalmente*, alegadamente *de minas congolesas* onde *muitos direitos humanos são violados,* de acordo com documentos consultados pela Agence France-Presse (AFP).

Segundo os advogados mandatados pela RDC, estes minerais são depois *transportados para fora da RDC, nomeadamente para o Ruanda, onde são objeto de branqueamento.*

Além disso, o dossier da RDC, apresentado às instâncias ad hoc, indica *que a Apple utiliza nos seus produtos minerais estratégicos adquiridos no Ruanda,* segundo os advogados encarregados de redigir uma notificação formal, uma citação antes do início do processo judicial.

"O Ruanda é um ator central na exploração ilegal de minerais e, em particular, na exploração de estanho e tântalo da RDC", afirmam os advogados. *"Depois de serem extraídos ilegalmente, estes minerais são contrabandeados para o Ruanda, onde são integrados nas cadeias de abastecimento globais",* afirma a notificação formal. *"Estes minerais controversos provêm, em grande parte, de minas congolesas, onde são violados numerosos direitos humanos",* continuam os advogados.

Esta notificação formal foi enviada às duas filiais da Apple em França pelos advogados franceses William Bourdon e Vincent Bren Garth. Foi igualmente enviada uma carta à empresa-mãe americana do grande grupo tecnológico, que comercializa o iPhone e os computadores Mac, entre outros produtos.

CONCLUSÃO

A nossa abordagem tem sido a de olhar para o interior do homem para compreender porque é que ele age de forma tão desumana em relação à natureza.

Para tal, apresentámos a tríade humanitária de modo a apreender os papéis de cada ator, através da atitude a observar, no que diz respeito à gestão da Natureza. Verifica-se que a Natureza é coberta pelo Ubuntu, o principal atributo do Criador-Incriado, que estabelece o homem como gestor da Natureza, no seu estado original, com base num contrato de tutela. Mas, uma vez na terra, o homem é atingido por uma amnésia, devido à radiação do materialismo que caracteriza a sociedade. É por isso que nos comportamos como destruidores da natureza, matando os nossos semelhantes, por causa dos interesses egoístas e dos apetites vorazes de certas corporações internacionais. Daí a necessidade de o homem fazer uma viagem interior, através da meditação profunda e da reminiscência, para o ajudar a reencontrar o seu ser original, a sua humanidade, sem a qual corre o risco de desaparecer por causa da ira da natureza. Esta é uma forma de lutar contra a desumanização da natureza.

O facto de o homem não respeitar a vida ecológica tem consequências obituárias para toda a humanidade.

BIBLIOGRAFIA

Carson, R., *Silent Spring,* projeto selvagem, 2009

Code, *Code minier, révisé et annoté de la RD Congo, Bruyant, Bruxelas, 2020, 385p.*

Gran, L., *L'écologie en bas de chez moi,* P.O.L, 2011

Léopold, A., *L'éthique de la terre,* Payot, Paris, 2019

Mulenda, D., *La gestion de l'intégration des entreprises par la préservation des écosystèmes naturels,* Paris, l'Harmattan, 2017

Pelluchon, C., *Éthique de la considération,* Paris, Seuil, 2018 *Les lumières à l'âge du vivant,* Seuil, Paris, 2021,

Perkins, G., *L'homme grand perturbateur de la nature,* Espace et Signes, Paris, 2023

WEBOGRAFIA

1) Definições: Natureza - Dicionário Larousse de Francês
2) número de mortos no leste da RDC - Pesquisa Google
3) Significado platónico de reminiscência - Pesquisa Google

ÍNDICE DE CONTEÚDOS

PREFÁCIO 2

INTRODUÇÃO 4

CAPÍTULO I 9

TRÍADE HUMANITÁRIA 9

SECÇÃO 1 9

ABORDAGEM CONCEPTUAL 9

§1 HUMANIDADE 10

§2 UBUNTU 10

§3. AUMENTAR-CRIADOR 11

§4 NATUREZA 12

§5 MAN 12

CAPÍTULO II 15

UBUNTU 15

Principais caraterísticas da natureza 15

SECÇÃO 1 16

MANIFESTAÇÃO DA HUMANIDADE EM TODOS OS SEUS ASPECTOS 16

§1. ESPAÇO-UNIVERSO 16

§2. ESPAÇO-PLANO 17

SECÇÃO 2 19

O LADO HUMANO DA NATUREZA NA VIDA DE UM HOMEM 19

§1. ALIMENTAÇÃO 19

§2. SAÚDE 19

§3. A NÍVEL DO MICROBIOTA 20

CAPÍTULO III 22

CAUSAS DA DESUMANIZAÇÃO 22

DA NATUREZA 22

SECÇÃO 1 22

ANÁLISE DA NATUREZA DO HOMEM 22
§1. O HOMEM, O SER ORIGINAL 22
§.2. O HOMEM, O SER TEMPORAL 24
§.3. ACTIVIDADES DO HOMEM CONTRA A NATUREZA 25
CAPÍTULO IV 32
DESUMANIZAÇÃO 32
DA NATUREZA 32
SECÇÃO 1. 32
REPERCUSSÕES DA DESUMANIZAÇÃO 32
SECÇÃO 2. 33
RESTABELECER O EQUILÍBRIO 33
NATURAL 33
§1 MEDITAÇÃO 33
§2. EXERCÍCIOS ECOLÓGICOS 35
§3. INOVAÇÃO DO PROGRAMA 37
ESCOLA 37
§.4. PROPOSTA 38
SANÇÕES PENAIS 38
CONCLUSÃO 40
BIBLIOGRAFIA 41

Printed by Books on Demand GmbH, Norderstedt / Germany